MathStart®
洛克数学启蒙 ❸

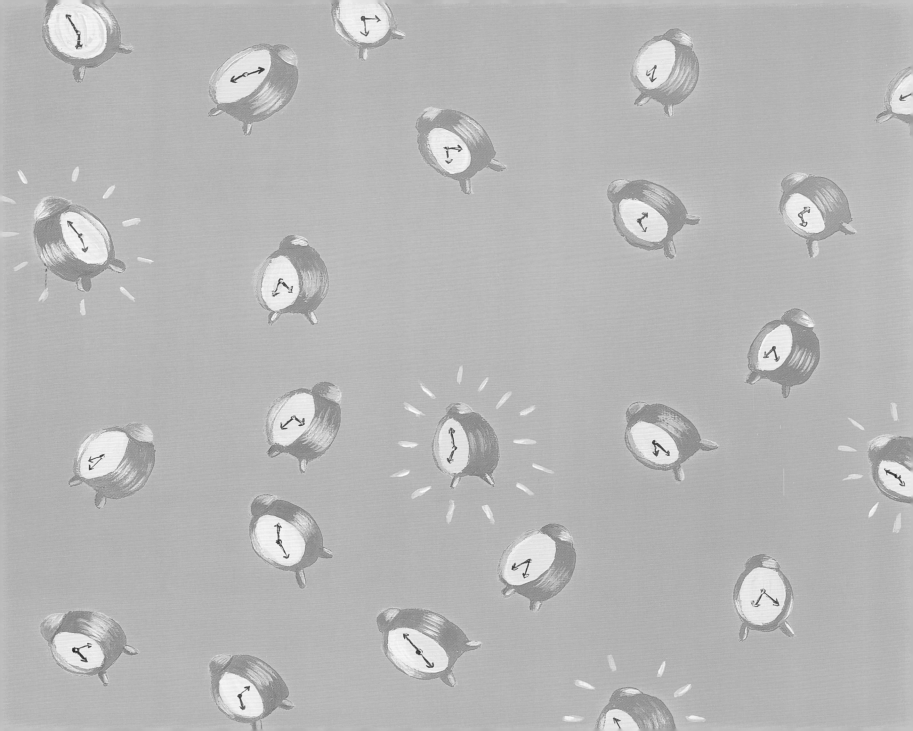

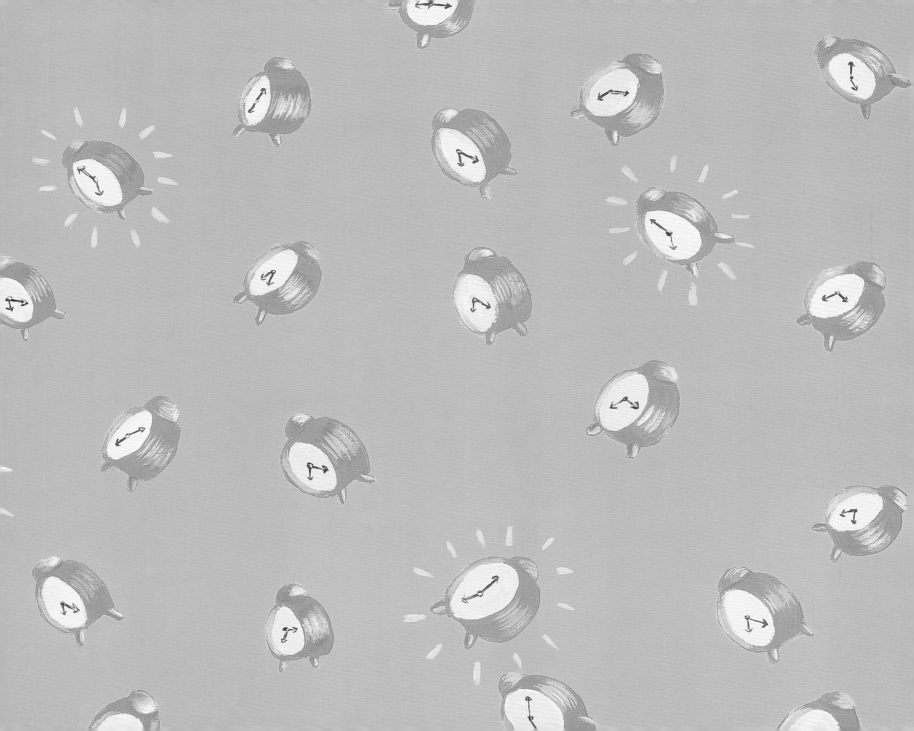

起床出发了

[美]斯图尔特·J.墨菲 文　　[美]戴安娜·格林席德 图　　吕竞男 译

海峡出版发行集团 福建少年儿童出版社
THE STRAITS PUBLISHING & DISTRIBUTING GROUP　FUJIAN CHILDREN'S PUBLISHING HOUSE

认识时间线

献给喜欢叫孩子起床的巴贝西和仔仔。

——斯图尔特·J.墨菲

献给艾达女王和狗狗战队女王罗西。

——戴安娜·格林席德

GET UP AND GO!

Text Copyright © 1996 by Stuart J. Murphy

Illustration Copyright © 1996 by Diane Greenseid

Published by arrangement with HarperCollins Children's Books, a division of HarperCollins Publishers through Bardon-Chinese Media Agency

Simplified Chinese translation copyright © 2023 by Look Book (Beijing) Cultural Development Co., Ltd.

ALL RIGHTS RESERVED

著作权合同登记号：图字 13-2023-038号

图书在版编目（ＣＩＰ）数据

洛克数学启蒙.3.起床出发了 / (美) 斯图尔特·
J.墨菲文；(美) 戴安娜·格林席德图；吕竞男译. --
福州：福建少年儿童出版社, 2023.9
ISBN 978-7-5395-8239-9

Ⅰ.①洛… Ⅱ.①斯…②戴…③吕… Ⅲ.①数学 -
儿童读物 Ⅳ.①O1-49

中国国家版本馆CIP数据核字(2023)第074375号

LUOKE SHUXUE QIMENG 3 · QICHAUNG CHUFA LE
洛克数学启蒙3·起床出发了

著　者：[美] 斯图尔特·J.墨菲　文　[美] 戴安娜·格林席德　图　吕竞男　译
出 版 人：陈远　出版发行：福建少年儿童出版社　http://www.fjcp.com　e-mail:fcph@fjcp.com　社址：福州市东水路 76 号 17 层（邮编：350001）
选题策划：洛克博克　责任编辑：曾亚真　助理编辑：赵芷晴　特约编辑：刘丹亭　美术设计：翠翠　电话：010-53606116（发行部）　印刷：北京利丰雅高长城印刷有限公司
开　本：889 毫米 ×1092 毫米　1/16　印张：2.5　版次：2023 年 9 月第 1 版　印次：2023 年 9 月第 1 次印刷　ISBN 978-7-5395-8239-9　定价：24.80 元

起床出发了

你总喜欢磨磨蹭蹭。
快点起床，要上学啦！

4

让我再抱抱泰迪熊，就 **5** 分钟。

不起床，你永远没法准备好出门。

只要 **3** 分钟——我就能洗完脸。

那我就等着看看，你究竟会用多少时间。

她已经起晚了——我要好好记录，
看看时间都花在哪儿了。

我要把她抱着泰迪熊
赖床的 **5** 分钟这样表示。

洗漱的 **3** 分钟这样表示。

现在，把这些线段连起来。

看看到目前为止，已经过去了几分钟？

再花**8**分钟吃
饭——我最喜
欢吃早餐。

我只希望你能给我撕些面包片。

13

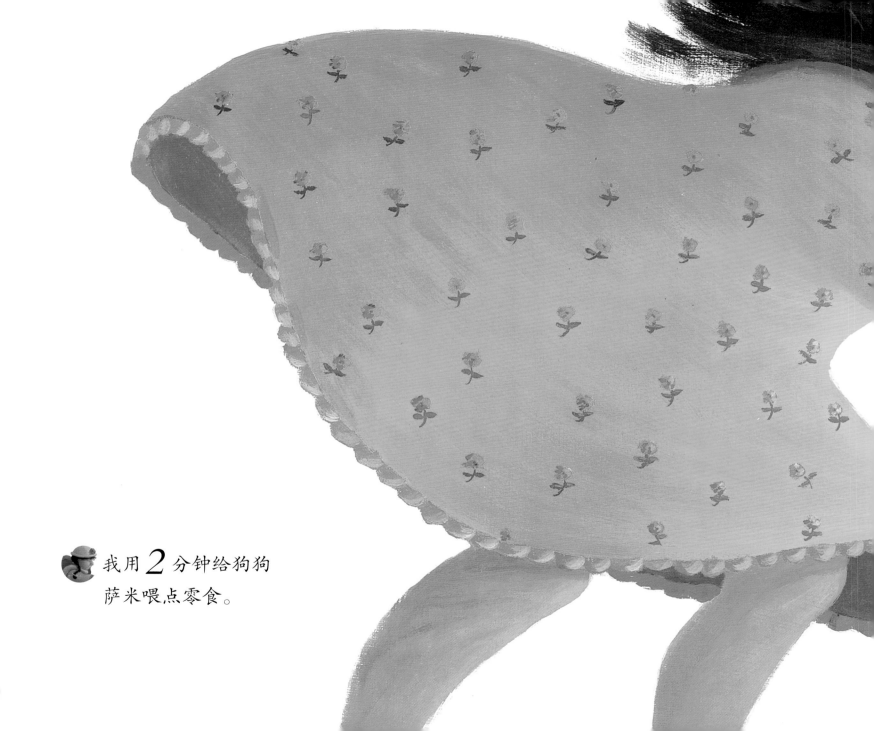

我用 **2** 分钟给狗狗
萨米喂点零食。

狗狗零食可真香。
我要开始吃啦。

她正在上楼，还有好多事没做。
我最好把这些时间也记录清楚。

我要把她吃早餐用的 **8** 分钟这样表示。

给我喂零食的 **2** 分钟这样表示。

把这些线段连起来。看看已经过去了几分钟？

现在，我要把它们和之前的线段加在一起。

到目前为止，已经过去了几分钟？

我要用 **6** 分钟
刷刷牙、梳梳头。

18

你还是这么慢吞吞，
看起来一点儿也不着急。

19

接下来的 **7** 分钟，
我要用来穿衣服。

怎么需要这么久？
除非你想玩游戏或者看看书……

21

她每次总要花好长时间，真是搞不懂。
我最好算一算时间过去了多久。

22

刷牙、梳头的 **6** 分钟这样表示。

穿衣服的 **7** 分钟这样表示。

再把它们连起来。
一共用了几分钟?

然后把所有线段连在一起。
总共用了几分钟?

23

现在，我要花**4**分钟
把所有东西收拾好。

千万注意检查，
别把作业落下！

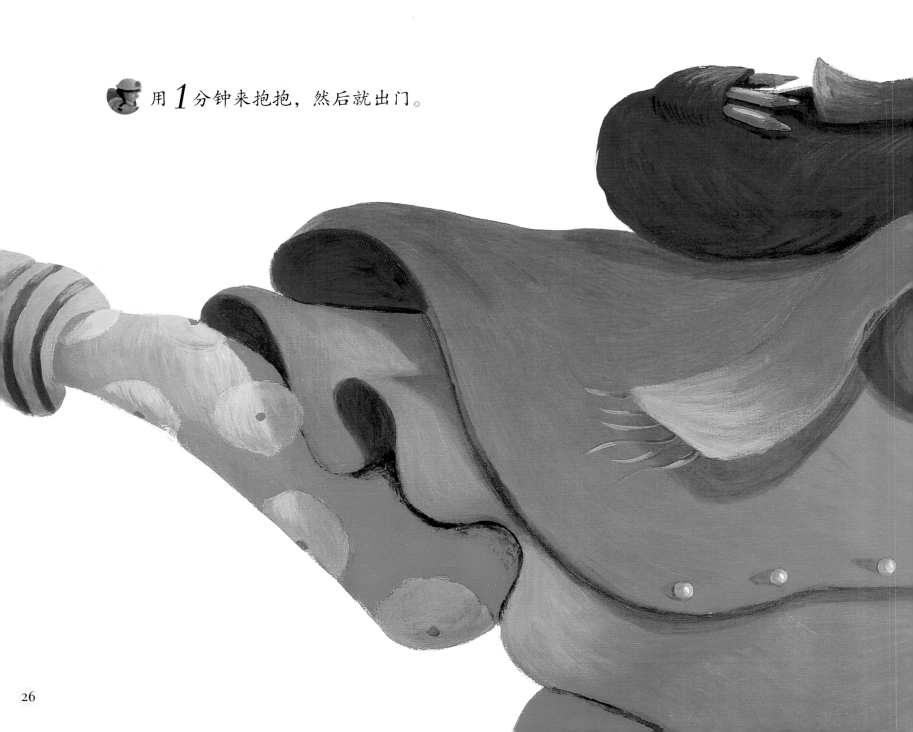

用 **1** 分钟来抱抱，然后就出门。

真希望你有时间多抱我一下。

她总算出门了——差一点儿就迟了。
现在她上车了，一切都会顺顺利利。

 我先把收拾东西的 **4** 分钟画下来。

然后是抱我的 **1** 分钟。

两个线段连在一起就是这样。
我们用了几分钟？

接下来，我把所有线段全都连起来。
现在总共过去几分钟？

我终于算好了，从她醒来抱着泰迪熊赖床到出门一共用了多少时间。

5   3   8   2

赖床   洗脸   吃早饭   喂零食

她花了 **5** 分钟加 **3** 分钟，**8** 分钟加 **2** 分钟，**6** 分钟加 **7** 分钟，**4** 分钟加 **1** 分钟。一共 **36** 分钟——我的工作完成啦！

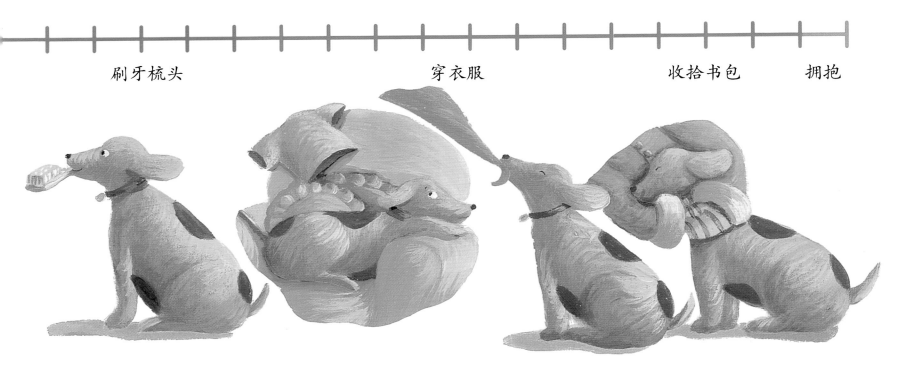

6   7   4   1

刷牙梳头   穿衣服   收拾书包   拥抱

现在她去上学了，我也很开心。
剩下的时间都属于我自己了！

写给家长和孩子

对于《起床出发了》中所呈现的数学概念，如果你们想从中获得更多乐趣，有以下几条建议：

1. 和孩子一起读故事，引导孩子描述画面中的内容。

2. 讲故事的时候向孩子提问，例如："女孩吃早餐花了多长时间？""刷牙花了多长时间？"

3. 鼓励孩子使用"时间""分钟""加""等于"等数学词汇来复述这个故事。聊一聊哪些事情用的时间长，哪些事情用的时间短。问问孩子，他（她）能否通过萨米画的时间线看出哪件事情花的时间最多。

4. 和孩子一起，画出每天早晨都要做的各项活动，并且涂上颜色。记录下每项活动所需的时间，用纸条、绳子或毛线制作属于自己的时间线并把图片贴到时间线上相应的位置。

5. 记录一天中做其他事情的时间线。例如，记录与晚餐有关的活动所需的时间：准备食材、布置餐桌、吃饭、收拾洗碗等。看看哪项活动所花的时间最长，哪项活动所花的时间最短。

6. 聊一聊你们平常会去的各种地方，例如面包店、理发店、便利店等，看看在这些地方会做哪些事情。一起来为这些不同的场景画出时间线。

如果你想将本书中的数学概念扩展到孩子的日常生活中，可以参考以下这些游戏活动：

1. 制作零食：挑一种孩子最喜欢的零食进行制作，比如花生酱、果冻、三明治、玉米片或柠檬水，并制订一张包含各个制作步骤的时间表。让孩子判断，时间表上的步骤顺序正确吗？时间表中显示哪一个步骤花费的时间最多呢？

2. 线段游戏：给全家人一人一条长线，把每根长线平均剪成两半，分别代表白天和晚上。然后再按照白天和晚上进行的各种活动的时长将这两根线剪成若干段。比较每一段的长度，看看全家人中谁睡觉花的时间最长，谁吃饭花的时间最长。

3. 制订计划：策划一个下午 2 点开始，4 点结束的聚会。制订出聚会前应该做什么，聚会中应该安排哪些活动，聚会结束后应该做什么。为这些安排制订一张时间表。

洛克数学启蒙